Sebastian Gräf

(Transnationale) Erwerbspendlerströme im Oberrhein-graben

GRIN Verlag

Bibliografische Information der Deutschen Nationalbibliothek:

Die Deutsche Bibliothek verzeichnet diese Publikation in der Deutschen National-
bibliografie; detaillierte bibliografische Daten sind im Internet über http://dnb.d-
nb.de/ abrufbar.

Dieses Werk sowie alle darin enthaltenen einzelnen Beiträge und Abbildungen
sind urheberrechtlich geschützt. Jede Verwertung, die nicht ausdrücklich vom
Urheberrechtsschutz zugelassen ist, bedarf der vorherigen Zustimmung des Verla-
ges. Das gilt insbesondere für Vervielfältigungen, Bearbeitungen, Übersetzungen,
Mikroverfilmungen, Auswertungen durch Datenbanken und für die Einspeicherung
und Verarbeitung in elektronische Systeme. Alle Rechte, auch die des auszugsweisen
Nachdrucks, der fotomechanischen Wiedergabe (einschließlich Mikrokopie) sowie
der Auswertung durch Datenbanken oder ähnliche Einrichtungen, vorbehalten.

Impressum:

Copyright © 2008 GRIN Verlag GmbH
Druck und Bindung: Books on Demand GmbH, Norderstedt Germany
ISBN: 978-3-640-26495-7

Dieses Buch bei GRIN:

http://www.grin.com/de/e-book/121791/transnationale-erwerbspendlerstroeme-
im-oberrheingraben

GRIN - Your knowledge has value

Der GRIN Verlag publiziert seit 1998 wissenschaftliche Arbeiten von Studenten, Hochschullehrern und anderen Akademikern als eBook und gedrucktes Buch. Die Verlagswebsite www.grin.com ist die ideale Plattform zur Veröffentlichung von Hausarbeiten, Abschlussarbeiten, wissenschaftlichen Aufsätzen, Dissertationen und Fachbüchern.

Besuchen Sie uns im Internet:

http://www.grin.com/

http://www.facebook.com/grincom

http://www.twitter.com/grin_com

Universität Karlsruhe
Institut für Geographie und Geoökologie II
Seminar: Regionale Humangeographie
    Oberrheingraben
Wintersemester 2007/2008

Thema:
(Transnationale) Erwerbspendler im Oberrheingraben

Sebastian Gräf
LA Mathematik/Geographie
7. Semester

Inhaltsverzeichnis

Abbildungsverzeichnis

Tabellenverzeichnis

1. Einleitung

Jaques ist Franzose. Er wohnt im Elsass, genauer gesagt in Soultz-sous-Forêts, aber das kennt an seinem Arbeitsplatz fast keiner. Jaques arbeitet nicht in Frankreich. Er ist bei Michelin in Karlsruhe beschäftigt, wie knapp 7.000 andere Beschäftigte. Ungefähr ein Siebtel davon kommt wie er nicht aus Deutschland und aus Karlsruhe direkt sind es nochmal weniger. Jaques muss jeden Tag eine größere Strecke zurücklegen als wenn er in Frankreich arbeiten würde, aber es lohnt sich trotzdem für ihn. Zu Michelin kam er erst, nachdem er seinen Job in Straßburg verloren hatte, zurücktauschen würde er aber auf keinen Fall, selbst wenn es ginge. Er verdient fast ein Fünftel mehr Geld hier und kann Steuervorteile und deutsche Sozialleistungen nutzen, das ist die tägliche Fahrt wert. Urs, ein Schweizer, der wie Jaques bei Michelin arbeitet, kommt sogar immer mit der Bahn aus Basel, er hat dort keine Arbeit bekommen, wollte aber wegen seiner Familie nicht wegziehen. Jaques und Urs sind hier keine Ausnahmen. Die anderen Kollegen kommen auch nicht alle aus Deutschland. Jaques arbeitet mit einigen Landsleuten zusammen und auch weitere Schweizer sind im Betrieb beschäftigt. Die haben es immerhin alle noch etwas weiter als er. Michelin ist ein internationaler Konzern, für den es Vorteile hat, Menschen aus verschiedenen Ländern zu beschäftigen, so hat man beispielsweise mehr Sichtweisen, ist flexibler und es fällt leichter, über Ländergrenzen hinweg zu denken und zu agieren.

Abbildung 1: „Michelins erster Grenzgänger" Bibendum (http://www.signprint.co.uk)

Wie Jaques kam auch Michelin über die französisch-deutsche Grenze und zwar vor mittlerweile 100 Jahren. Bibendum ist genau genommen also eigentlich Michelins erster Grenzgänger, wie man zu den Berufspendlern auch sagt, die jeden Tag eine Ländergrenze passieren...

(Vgl. CRDP Elsass, LMZ Baden-Württemberg, LMZ-Rheinland-Pfalz 2007)

2. Allgemeiner Teil

Um das Thema angemessen abhandeln zu können, sollen an dieser Stelle zuerst einmal die darin eingeschlossenen Begriffe geklärt werden. Zuerst wird das Untersuchungsgebiet, der Oberrheingraben, hier kurz abgegrenzt und relevante Gesichtspunkte angerissen, dann soll auf den Begriff des Pendlers, speziell des Berufspendlers und interessante Aspekte dazu eingegangen werden, bevor im Teil 3 der Arbeit die wesentlichen Inhalte folgen.

2.1 Der Oberrheingraben

Hier soll kurz die politische und geographische Einordnung des Oberrheingrabens erfolgen, die für Arbeitnehmer, insbesondere Pendler, relevante Strukturen der Region dargestellt und das regionale Bewusstsein angerissen werden.

2.1.1 Geographie und Ländergrenzen

Begrenzt wird der Oberrheingraben als geographische Senke durch Gebirge. Im Osten sind dies der Schwarzwald, im Süden der Jura, im Westen die Vogesen und im Norden der Taunus. Die oberrheinische Tiefebene nimmt so eine Flächenausdehnung von etwa 350 km in Nord-Süd-Richtung und 35 km in West-Ost-Richtung ein (Speiser 1993).

Im Folgenden wird häufig mit dem Begriff des Oberrheingrabens das „Mandatsgebiet der Oberrheinkonferenz" (Deutsch-Französisch-Schweizerische Oberrheinkonferenz 1999) verstanden.

Abbildung 2: Mandatsgebiet der Oberrheinkonferenz und Einordnung in Europa (GISOR 2007, Deutsch-Französisch-Schweizerische Oberrheinkonferenz 1999, S.25)

Dieses wird in Abbildung 1 ersichtlich, es sind darin das Elsass, die Nordwestschweiz, die Südpfalz und Baden begriffen und es leben 5,8 Millionen Einwohner dort. Es umfasst mit 21.500 km² auf etwa 220 km Länge und 80 km Breite den südlichen Teil des Oberrheingrabens und Teile der anschießenden Gebirge Vogesen und Schwarzwald und nimmt dabei von jedem der drei eingeschlossenen Länder nur einen kleinen Teil der Gesamtfläche ein (Deutsch-Französisch-Schweizerische Oberrheinkonferenz 2007). Die Flächen- und Bevölkerungsaufteilung wird aus Abbildung 3 ersichtlich.

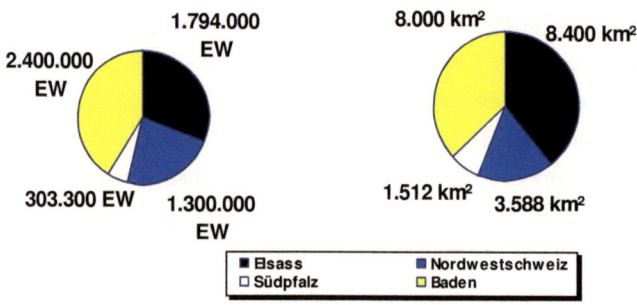

Abbildung 3: Flächen-, und Bevölkerungsaufteilung des Mandatsgebietes der Oberrheinkonferenz (eigene Abbildung nach Deutsch-Französisch-Schweizerische Oberrheinkonferenz 2007)

Der Rhein stellt in der Mitte dieses Gebietes schon immer „ein trennendes und verbindendes Element zugleich" (Speiser 1993, S.25) dar. Trennend, da früher noch mehr als heute die „mangelnden physischen Querungsmöglichkeiten" (Langendörfer in Sommeruniversität 2004, S.22) den Austausch mit der jeweils anderen Rheinseite erschwerten. Verbindend dagegen als „zweitwichtigste Handelswasserstraße der Welt" (Deutsch-Französisch-Schweizerische Oberrheinkonferenz 1999) und durch die gemeinsamen Gefahren durch ein Leben am Wasser und die daraus entstehenden Abhängigkeiten.

Durch die geographische Situation entsteht zudem ein sehr typisches warmes und überwiegend trockenes oberrheinisches Binnenklima, auf das aber hier nicht näher eingegangen werden soll. Und auch die Veränderungen der Siedlungs-, Verkehrs- und Wirtschaftsstruktur durch die Rheinbegradigung durch Tulla können in dieser Arbeit keine Beachtung finden.

2.1.2 Siedlungs-, Verkehrs- und Wirtschaftsstruktur

Der Oberrheingraben ist das Zentrum von Bevölkerungs- und Wirtschaftsverteilung des oben eingegrenzten Untersuchungsgebietes. Insgesamt ist das Oberrheingebiet eines der Gebiete in Europa, die am dichtesten besiedelt sind und eine enorme Dynamik aufweisen. Begründet wird dies damit, dass der Rhein seit jeher ein extrem wichtiger Verkehrsweg zwischen Nord- und Südeuropa ist (Deutsch-Französisch-Schweizerische Oberrheinkonferenz 1999).

Die Siedlungsstruktur zeigt ein Städte-Netz mit einigen größeren Zentren, die auf unterschiedlichen Hierarchiestufen stehen, vor allem Basel, Straßburg und Karlsruhe sind hierbei hervorzuheben (ebd.). Eisele beschreibt in seinem Beitrag „Vom Ballungsraum zum Siedlungskontinuum?" den Siedlungsraum Oberrheingraben als eine von „dezentrale[r] Konzentration" geprägte „Städtelandschaft" oder „Städte-Stadt", die mit ihrer „unverwechselbare[n] urban-regionale[n] Kultur" „Urbanität und Verflechtung" „durch Vielfalt im Raum, durch Kontaktdichte und Mobilität" erzeugt, wobei dieses System aus „viele[n] ehemalige[n] (Klein-)Metropolen mit zusammen knapp 10 Millionen Einwohnern als historisch bedeutsame[n] und z.T. weit ausstrahlende[n] Zentren als durchaus „sehr zukunftsträchtig" von ihm angesehen wird (Deutscher Werkbund (Hrsg.) 1994, S26ff).

Die Verkehrsstruktur des Oberrheingrabens ist auch historisch betrachtet von großer Bedeutung, da sie sich im Knotenpunkt der schon seit früherer Vergangenheit wichtigen europäischen Nord-Süd-Achse aber eben auch der aktuell immer stärker relevanten, aber noch nicht ausreichend ausgebauten Ost-West-Verbindung zwischen Osteuropa, Deutschland und Frankreich befindet (Sommerseminar 2000).

In Abbildung 3 ist die Verkehrsstruktur ersichtlich. Das Verkehrsnetz ist gut ausgebaut, da die Region mit der Nord-Süd-Achse als „Halsschlagader des europäischen Gravitationszentrums" (Geiger 2001) eine wesentliche Transitfunktion im Güter- sowie Personenverkehr über das Straßen- und Schienennetz erfüllt. Dies bot und bietet wiederum günstige Voraussetzungen für die Ansiedelung von Unternehmen. Mittlerweile gibt es in der Region mit Basel, Straßburg, Lahr und Baden-Baden 4 internationale Flughäfen. Eine Überquerung des Rheines ist an einigen, aber eben nur unzureichend vielen Stellen möglich, so dass dieser weiterhin ein Hindernis für die Mobilität darstellt. Ursache dafür ist unter anderem der eben angesprochene mangelnde Ausbau des Verkehrsnetzes in Ost-West-Richtung, welcher aus der Schwierigkeit derartiger Ländergrenzen übergreifender Projekte im Straßenbau resultiert (Deutsch-Französisch-Schweizerische Oberrheinkonferenz 1999). Generell ist verkehrspolitisch eine „arbeitsteilige Integration der Drei-Länder-Region" (Sommerseminar 2000, S. 9) für die weitere positive Regionalentwicklung unumgänglich.

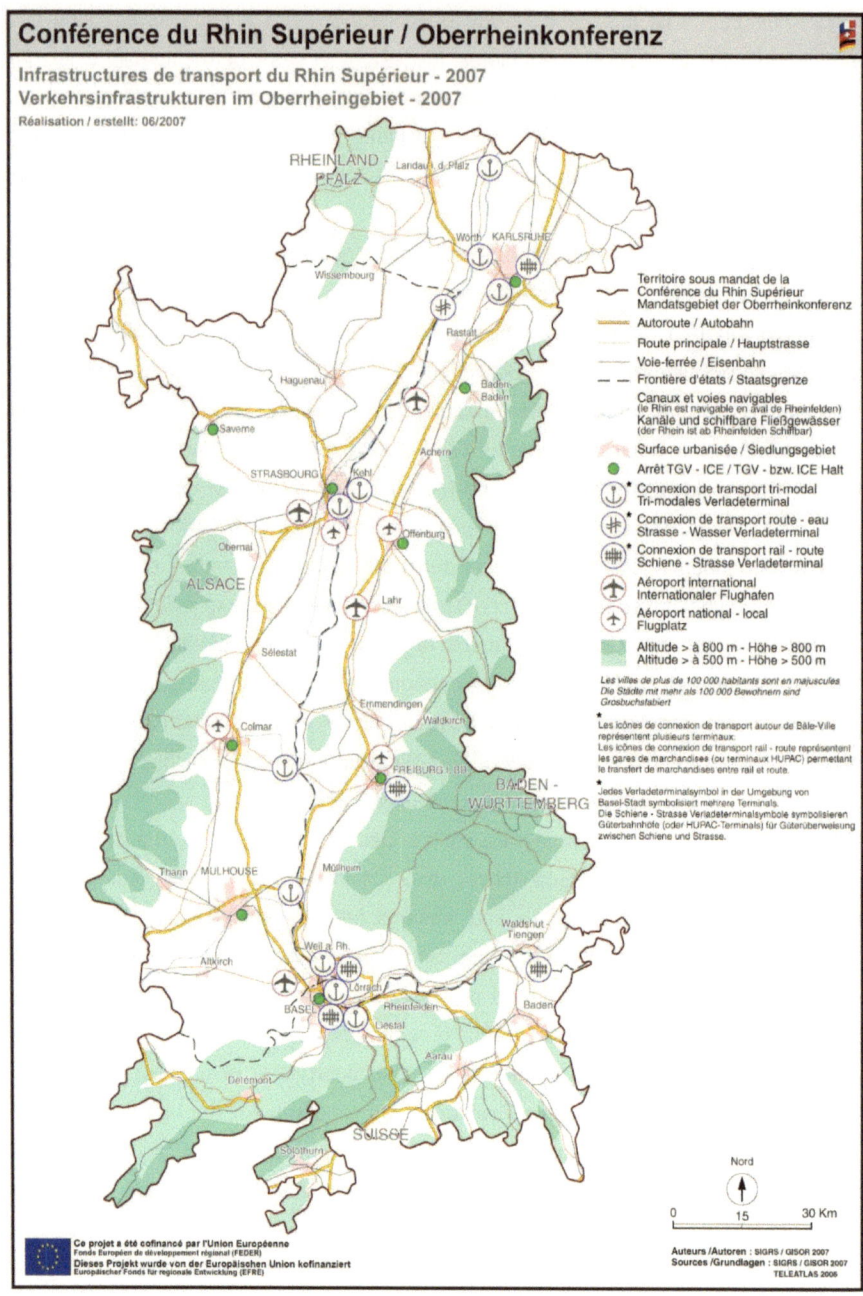

Abbildung 4: Verkehrsstruktur im Oberrheingraben (GISOR 2007)

Wirtschaftliche Verflechtungen in der Oberrheinregion gab es schon immer, je nach politischer Situation eben mehr oder weniger (Speiser 1993). Die Region des Oberrheingrabens ist wirtschaftlich stark und verzeichnet eine sehr positive Entwicklung bei einem relativ hohem Lohnniveau mit deutlichen Disparitäten, die Arbeitslosigkeit ist relativ gering. Zwei Drittel der Beschäftigten arbeiten im tertiären Sektor (Euroregion Oberrhein 2006). Wirtschaft wie Industrie sind vielfältig und ausgewogen und alle starken Branchen Europas sind hier anzutreffen. Die Arbeitsplatzverteilung ähnelt der Bevölkerungsverteilung, auch hier gibt es sehr viele größere und kleinere Zentren bei einem flächendeckenden Angebot. Auf Basel, Karlsruhe und Straßburg folgen Freiburg, Mulhouse, Colmar und Offenburg vor Landau, Bruchsal, Baden-Baden, Haguenau, Lahr und Lörrach, wenn man die Arbeitsplatzstatistik vom 1990 heranzieht (Deutsch-Französisch-Schweizerische Oberrheinkonferenz 1999).

Die Deutsch-Französisch-Schweizerische Oberrheinkonferenz (2007) stellt den aktuellen Aspekt der EU wie folgt dar: „Der europäische Einigungsprozess macht sich an den Landesgrenzen besonders positiv bemerkbar. Wirtschaftliche Hürden fallen, Unternehmen wie Privatleute profitieren gleichermaßen. Dieser Prozess ist jedoch noch lange nicht abgeschlossen."

2.1.3 Unterschiede und regionales Bewusstsein

Unterschiede in der Bevölkerungsstruktur werden deutlich, wenn man die beiden Seiten des Rheins betrachtet. Linksrheinisch ist die Bevölkerungsdichte ein gutes Stück geringer als rechtsrheinisch und auch als im Ballungsraum Basel. Außerdem ist ein klarer Unterschied in der demografischen Struktur festzustellen, so dass zu sehen ist, dass im Elsass offensichtlich mehr jüngere Menschen leben als in der restlichen Region (Langendörfer in Sommeruniversität 2004). Dies ist mit Geburtenüberschüssen in diesem Bereich zu erklären.

Dass aber die Unterschiede zwischen den Bewohnern der unterschiedlichen Länder innerhalb der Region nicht zu gravierend sind, sieht man spätestens bei einem Blick auf kulturhistorische Gesichtspunkte. Johann Peter Hebel beschrieb in einem Gedicht die Bewohner des Oberrheingrabens im ‚Dreiländereck' als ganz spezielle Menschen, die keinem der drei Länder wirklich zugeordnet werden können:

„(...) Er isch kai Dütsche, kai Franzos,

Er isch kai Schwyzer, er isch bloss

Dr Hansdampf im Schnoogeloch

Im Dreieckland am Ry." (Speiser 1993, S.26)

Tatsächlich ist der alemannische Dialekt typisch für die gesamte Region und man kann von einer Ländergrenzen übergreifenden regionalen Identität sprechen, die mit nationalen Denkweisen und Kategorien konkurriert (Fichtner 1988). So ist es wenig verwunderlich, dass die Grenzen zwischen Deutschland, Frankreich und der Schweiz gerade in dieser Region kein großes Hindernis bei Arbeits- oder Wohnortssuche ist. Ein Beleg für diesen Sachverhalt ist -neben dem relativ hohen Grad an Zweisprachigkeit- die hohe Mobilität der Menschen in diesem Gebiet in Bezug auf Wohnortwechsel und Arbeitsmobilität (Sommeruniversität 2004). Es gibt vielfältige Ansätze und Bestrebungen, die Beziehungen zwischen den Ländern in diesem Raum zu intensivieren und Verflechtungen zu fördern. Allen voran geht dabei die Deutsch-Französisch-Schweizerische Oberrheinkonferenz, die sich nach eigenen Worten des Präsidenten darum bemüht, „die nachbarschaftlichen und freundschaftlichen Beziehungen zwischen den Völkern am Oberrhein in konkrete Projekte umzusetzen" (Deutsch-Französisch-Schweizerische Oberrheinkonferenz 1999, S.9). Konkrete Untersuchungen und Projekte beziehen sich auch auf den transnationalen Berufspendlerverkehr, der im Folgenden Gegenstand der Betrachtung sein soll.

2.2 Erwerbspendler

Erwerbs- oder Berufspendler sind Erwerbstätige, die nicht am Arbeitsort wohnen und so regelmäßig Wege zur Arbeit zurücklegen.

2.2.1 Definitionen

Unter den Berufspendlern werden unterschiedliche Gruppen unterschieden. Die *Nichtpendler* arbeiten entweder zu Hause oder auf dem selben Grundstück, die *Binnenpendler* sind innerhalb ihrer Wohngemeinde beschäftigt. Wenn über Gemeindegrenzen gependelt wird, so spricht man von *Aus-* beziehungsweise *Einpendlern*, je nach Standpunkt der Betrachtung. So pendelt der Beschäftigte aus seiner Wohngemeinde aus und pendelt in der Arbeitsgemeinde ein. Zudem unterscheidet man Pendler nach Häufigkeit des Pendelns in *Tagespendler* und *Nichttagespendler*. Tagespendler pendeln jeden Tag von Wohn- zu Arbeitsort, wohingegen Nichttagespendler nur alle zwei Tage, jede Woche, jeden Monat oder Ähnliches pendeln. Sie haben somit zwangsweise am Arbeitsort oder in dessen direkter Umgebung eine weitere Unterkunft (Keller 1999). Je weiter der zurückgelegte Weg der Pendler ist, desto häufiger haben sie einen zweiten Wohnsitz am Arbeitsort. Weiterhin unterscheidet man Erwerbstätige am Wohnort und Erwerbstätige am Arbeitsort. *Erwerbstätige am Wohnort* sind alle Erwerbstätigen, die an diesem Ort ihren Hauptwohnsitz gemeldet haben, unabhängig davon, wo sie arbeiten, die *Erwerbstätigen am Arbeitsort* ergeben sich aus der Summe der dort wohnenden Erwerbstätigen abzüglich Auspendler und zuzüglich Einpendler. *Auspendlergemeinden* weisen weniger Arbeitsplätze als Erwerbstätige auf, *Einpendlergemeinden* mehr Arbeitsplätze als Erwerbstätige. Und eine Gemeinde mit ausgeglichenem Saldo bei hoher Ein- und Auspendlerzahl wird als *Transitgemeinde* bezeichnet. (Statistik Austria 2004).

Einen Sonderfall der Erwerbspendler bilden die *Grenzgänger*. Diese pendeln nicht nur über Gemeindegrenzen, sondern sogar über nationale Grenzen. Der Status des Grenzgängers ist allerdings nicht eindeutig und von den betroffenen Ländern unterschiedlich festgeschrieben. Grenzgänger erhalten im Zielland teilweise Sozialleistungen (Fichtner 1988).

2.2.2 Hintergründe des Pendelns

Pendler finden sich unter allen Altersgruppen, mehr als die Hälfte ist allerdings unter 30 Jahren und nur sehr wenige sind über 40. Der Großteil der Pendler ist zwischen 21 und 25 und zumeist hoch qualifiziert, auffällig ist auch noch, dass weniger als ein Drittel der Pendler Frauen sind. Wenig verwunderlich ist die Tatsache, dass der größte Teil der Pendler keine Kinder hat. Dies alles ist unter anderem mit dem hohen Zeitaufwand des Pendels und der resultierenden Belastung für die Pendler zu erklären (Ott 1990).

1988 gab es in Deutschland bereits 10 Millionen Pendler, was knapp 40% der Erwerbstätigen ausmacht. Der Trend geht dabei weiter nach oben. Die Mobilität der Pendler über Grenzen hinweg ist abhängig von der sozialen Stellung und Gesellschaftsschicht. Untersuchungen von Fichtner (1988) kommen zu dem Ergebnis, dass die auch Anteile der ‚Grenzgänger' an der arbeitenden Bevölkerung bei besser gestellten Teilen der Bevölkerung wesentlich höher sind.

Besonders groß ist der Anreiz für Pendelbewegungen aus dem ländlichen Raum in die Städte, da dort wirtschaftliche Faktoren wie Arbeitsplätze mit besserem Gehalt dem häufig mangelnden oder mangelhaften Wohnungsangebot gegenüberstehen und oft wird auch bewusst ein Wohnort ‚im Grünen' gewählt, obwohl sich der Arbeitsplatz in der Stadt befindet (Keller 1999). Zudem ist Wohnraum außerhalb der Ballungsgebiete wesentlich günstiger.

Eine weitere Ursache für Pendelverkehr ist gerade in wirtschaftlich schwächeren Zeiten die „Arbeitsplatzsuche im überregionalen Raum, die (...) neben anderen Faktoren wie ökonomischer Konzentration, Zentralisierungsprozessen und Strukturwandel, Veränderungen der Einstellung zu Arbeits- und Lebensbedingungen, berufliche Aufstiegschancen und Einkommenssteigerungen und [die] höheren Mobilitätserwartungen der Arbeitgeber" (Ott, Gerlinger 1992), seit jeher die Pendelbewegung vorantreibt. Individuelle Begründungen kommen noch hinzu. Die Begründungen für transnationales Pendeln sollen in Kapitel 3 nochmals näher erläutert werden.

Meistens gleichen sich die Kosten für die vielen Pendelfahrten aus, wenn man ein höheres Gehalt am Zielort, geringere Lebenshaltungskosten in Peripheriegebieten und Steuervorteile für die Fahrten in die Betrachtung mit einbezieht, dies ist aber nicht immer der Fall (ebd.). Vom Arbeitgeber werden die Fahrtkosten nur in etwa einem Drittel der Fälle übernommen (Ott 1990).

Es bestehen Bemühungen, beispielsweise seitens von Gewerkschaften, die Nachteile, die durch das Pendeln entstehen, zu vermindern oder auszugleichen. So soll im besten Falle der Arbeitgeber die zusätzlichen Fahrtkosten übernehmen, die Arbeitszeit soll zugunsten der Fahrtzeit reduziert werden, die öffentlichen Verkehrsmittel sollen ein ausreichend breites Angebot bieten und Standortentscheidungen sollen diesen Aspekt mit einbeziehen. Hier sei nur auf das Schlagwort der ‚Dezentralisierung' hingewiesen.

2.2.3 Auswirkungen

Pendelverkehr in großer Dimension hat weitreichende Auswirkungen zur Folge. Für die Umwelt- und Verkehrssituation liegen die Probleme auf der Hand, besonders wenn auf den PKW als Verkehrsmittel zurückgegriffen wird, was in den meisten Fällen getan wird. Schadstoffausstoß, Energie- und Flächenverbrauch, Klimaproblematik und globale Erwärmung sind nur einige Punkte, die hier im Zusammenhang mit Umweltrisiken angeführt werden können. Als Verkehrsprobleme resultieren Stau, eine erhöhte Unfallgefahr durch mehr Verkehrsteilnehmer und ein großer Verbrauch an Flächen und nicht regenerativen Energien, was sich letztlich in höheren Fahrtkosten und längerer Fahrtdauer niederschlägt.

Doch auch die Belastungen für die Pendler selbst sind nicht unerheblich. So sind die Fahrtdauern bei Fernpendlern enorm und durch Verkehrsprobleme werden diese sogar noch verlängert. Insgesamt fassen etwa zwei Drittel der Pendler das Pendeln als nahezu unzumutbare Belastung auf (ebd.). Neben den Fahrtkosten geht durch den Pendelverkehr allein wegen dem Zeitaufwand der Fahrten ein großer Teil der Freizeit verloren. Außerdem birgt eine lange Fahrt mit dem PKW eine Erhöhung der Unfallgefahr, bedeutet eine starke Belastung für das Nervensystem und führt so zu zusätzlicher Ermüdung und Stress. Ott und Gerlinger (1992) formulieren den Sachverhalt so: „Es muss davon ausgegangen werden, dass in wachsendem Ausmaß die Lebensqualität, Gesundheit und das soziale Leben und Wohlbefinden der Betroffenem gravierend negativ beeinflusst werden"(ebd.,

S.163).

3. Erwerbspendler im Oberrheingraben

Im Folgenden sollen speziell die Erwerbspendler im Untersuchungsgebiet Gegenstand der Betrachtung sein. Insbesondere die transnationalen Pendelvorgänge zwischen Deutschland, der Schweiz und Frankreich werden hier dargestellt und erläutert.

3.1 Rahmenbedingungen

Zentral für die Entscheidung zum Pendeln über Ländergrenzen hinweg sind Unterschiede zwischen dem Land, aus dem ausgependelt wird und dem Zielland, in das der Pendler einpendelt. Hier spielen wirtschaftliche und gesetzliche Faktoren eine große Rolle, die hier aufgezeigt werden sollen. Diese bedingen stark die Entstehung von Ein- und Auspendlergemeinden.

3.1.1 Wirtschaftliche Faktoren

Hierunter verbergen sich vor allem Gehalt, Arbeitsangebot, Steuern und Lebenshaltungskosten in den entsprechenden Ländern. Ein relativ hohes Durchschnittsgehalt und ein breites Arbeitsangebot bei hohen Lebenshaltungskosten bedingen im Allgemeinen eher Einpendlergemeinden, die sich vorwiegend im städtischen Raum befinden. Typische Auspendlergemeinden findet man dagegen häufig in ländlichen Gebieten und diese weisen gegenteilige Merkmale auf.

In den Teilregionen des Oberrheingrabens bestehen erhebliche Unterschiede, was Arbeitsangebot und Durchschnittsgehälter betrifft. Aus Abbildung 5 werden diese Unterschiede ersichtlich, wobei zu beachten ist, dass nicht das Durchschnittsgehalt, sondern das Bruttoinlandsprodukt pro Einwohner dargestellt ist.

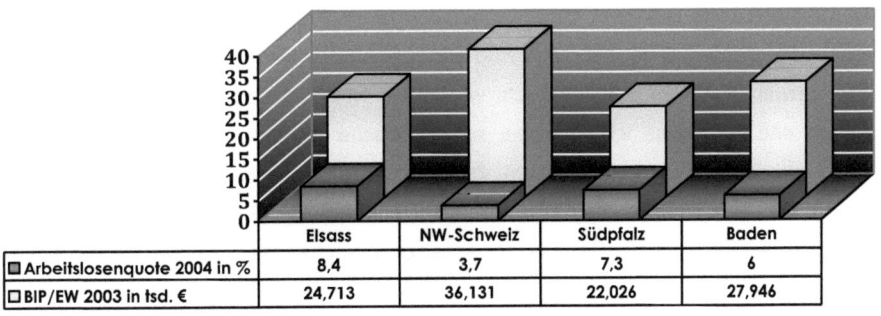

	Elsass	NW-Schweiz	Südpfalz	Baden
Arbeitslosenquote 2004 in %	8,4	3,7	7,3	6
BIP/EW 2003 in tsd. €	24,713	36,131	22,026	27,946

Abbildung 5: Arbeitslosenquoten und Bruttoinlandsprodukt pro Einwohner in den Teilregionen (eigene Abbildung nach Deutsch-Französisch-Schweizerische Oberrheinkonferenz 2007)

Die beiden Merkmale korrelieren aber sehr stark und somit kann gefolgert werden, dass die Nord-West-Schweiz in Bezug auf die Arbeitsmarktsituation sehr deutlich die attraktivste Teilregion das Oberrheingrabens darstellt, gefolgt von Baden, das mit deutlichem Abstand aber auch noch klar vor dem Elsass und der Südpfalz rangiert (Deutsch-Französisch-Schweizerische Oberrheinkonferenz 2007). Die Aufteilung der Wirtschaft auf die drei Sektoren hingegen unterscheidet sich in den Teilregionen mit einer Ausnahme kaum: Der primäre Sektor ist in der Südpfalz durch den Weinbau mit 4,2 % fast doppelt so stark vertreten wie in den anderen Regionen. Insgesamt ist der tertiäre Sektor mit 65,7 % sehr stark (Landesgewerbeamt BW 2003). Auf die vorhandenen Wirtschaftssparten sei an dieser Stelle aber nicht näher eingegangen.

Die mit Abstand geringsten Grundstücks- und Immobilienpreise im Oberrheingebiet findet man im Elsass. So kaufen viele Deutsche und Schweizer Immobilien im Elsass und pendeln dann über die Grenze, um zu arbeiten. Einzelne Teilgebiete des Elsass weisen bei den Immobilienkäufen sogar Anteile deutscher und schweizerischer Käufer von mehr als 50% auf. Die Grundstückspreise in der Schweiz sind im Allgemeinen noch auf einem höheren Niveau als die in Deutschland (Deutsch-Französisch-Schweizerische Oberrheinkonferenz 1999).

Die direkten Steuern sind in Baden und der Pfalz wesentlich höher als im Elsass, Schweizer Familien, insbesondere mit Kindern, kommt die deutsche Besteuerung dennoch entgegen, wenn auch die Steuern in der Schweiz gerade für kinderlose Paare und Alleinstehende besonders attraktiv sind (EURES 2007).

Die allgemeinen Lebenshaltungskosten zeigen aber ein etwas anderes Bild. Diese liegen im Elsass nämlich sogar über denen in den deutschen Regionen, was unter anderem mit dem Mehrwertsteuersatz zusammenhängt, der trotz jüngster Erhöhung auf 19 % in Deutschland noch unter dem französischen von 19,6% liegt. Die Schweizer Mehrwertsteuer liegt lediglich bei 7,6 %, allerdings sind Lebensmittelpreise und Lebenshaltungskosten in der Schweiz trotzdem ziemlich hoch, weswegen viele Schweizer auch in Grenznähe in Baden und im Elsass leben, wobei schweizerische Rentner eine nicht unbedeutende Sondergruppe in Deutschland bilden, da sie mit ihrer moderaten Rente gut auskommen (ebd.). Auf die genauen Regularien der Besteuerung bei Grenzgängern sei hier nicht eingegangen, da sonst der Rahmen der Arbeit gesprengt würde.

	Franzosen	Deutsche	Schweizer
Elsass	X	15.672	3.427
Südpfalz	943	X	101
Baden	10.977	X	3.259
Nordwestschweiz	4.039	30.346	X

Tabelle 1: Wohnhafte Franzosen, Deutsche und Schweizer im jeweiligen Ausland im Oberrheingebiet (eigene Tabelle nach EURES 2007)

Insgesamt hat so jede Region wirtschaftlich gesehen ihre Vor- und Nachteile, am meisten profitieren Wohnhafte im Elsass, die in der Schweiz arbeiten – dies sind aber nicht nur Franzosen, sondern gleichermaßen Deutsche und Schweizer. Tabelle 1 gibt an, wie viele Franzosen, Deutsche und Schweizer als Ausländer im Oberrheingebiet wohnhaft sind. Der Anteil an Berufspendlern über Ländergrenzen an diesen ist entsprechend hoch.

3.1.2 Rechtlicher und sozialer Rahmen

Neben dem Hauptantrieb für transnationale Pendlerbewegungen, dem wirtschaftlichen Rahmen, gibt es noch weitere Aspekte, die die Pendlerströme im Oberrheingebiet verstärken oder abschwächen können. Diese sind vor allem in den rechtlichen und sozialen Rahmenbedingungen der Teilregionen zu sehen. So sind hiermit insbesondere Sozialversicherungen und infrastrukturelle Daten gemeint (Geiger 2001).

Die Sozialleistungen sind in den drei Ländern unterschiedlich, generell gilt aber, dass die Grenzgänger in dem Land krankenversichert sind, in dem sie beschäftigt sind (EURES 2007). Es gibt diverse Projekte und Netzwerke, die den schwer überschaubaren rechtlichen Rahmen der Grenzgänger transparenter machen. Eines davon ist EURES-T, nach eigenen Angaben „das Netzwerk für Menschen, die in einem Land wohnen und im anderen arbeiten"(ebd.). Weiterhin heißt es auf deren Homepage: „Die Landesgrenzen in Europa verlieren mehr und mehr an Bedeutung. Dennoch stößt man oft auf Schwierigkeiten, wenn man in einem Land wohnt und im anderen arbeitet. Das grenzüberschreitende Netzwerk EURES-T hat sich zur Hauptaufgabe gemacht, das Leben und Arbeiten den Grenzgängern leichter zu machen" (ebd.).

Dort werden alle Regelungen zu Kranken-, Unfall- und Rentenversicherung ersichtlich. Grenzgänger sind grundsätzlich in dem Land krankenversichert, in das sie einpendeln, erhalten aber in Wohn- und Beschäftigungsland Versicherungsleistungen bei Unfällen und Krankheit, so wie wenn sie im Beschäftigungsland wohnen würden. Arbeitslose und Rentner hingegen sind nur im Wohnland krankenversichert und Arbeitslose erhalten im

Wohnland Arbeitslosengeld. Die Rentenversicherung besteht im Land der Beschäftigung und wird auch hier geleistet (ebd.).

Viele Komplikationen bei Konflikten durch Überschneidungen der Gesetzgebung zweier Länder werden durch bilaterale Abkommen geregelt, so wird beispielsweise auch eine theoretisch gesetzlich vorgeschriebene Doppelbesteuerung von Arbeitnehmern, die in Deutschland wohnen und in Frankreich arbeiten, umgangen. Auch war es bis zum bilateralen Abkommen I der Schweiz mit der EU 2004 in der Schweiz für Arbeitgeber aufgrund des „Inländervorrangs" schwierig, ausländische Mitarbeiter zu beschäftigen, was nun keine Hürde mehr darstellt (ebd.). Durch Kooperationen dieser Art wird die komplizierte rechtliche Verankerung der Grenzgänger vereinfacht.

Unterschiede bestehen auch in der Versorgungs- und Infrastruktur der Teilregionen und sorgen ebenfalls für eine unterschiedliche Bewertung der Attraktivität. Beispielhaft wird in Abbildung 6 die Versorgung mit Apotheken und Arztpraxen der einzelnen Regionen gegenübergestellt.

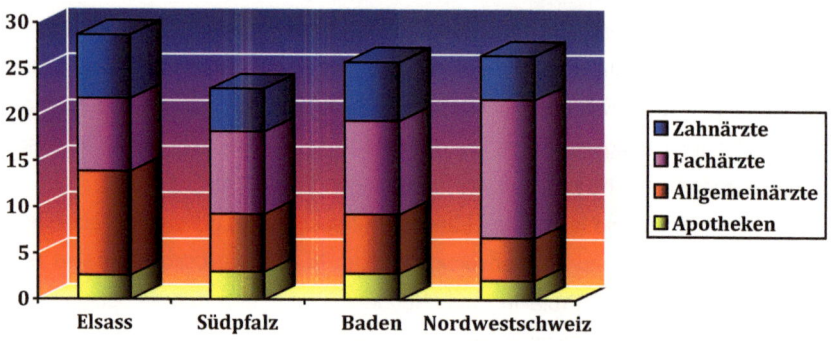

Abbildung 6: Versorgung mit Apotheken und Arztpraxen pro 10.000 Einwohner 2004 (eigene Abbildung nach Deutsch-Französische-Schweizerische Oberrheinkonferenz 2007)

Diese zeigt, dass alle Regionen eine sehr gute medizinische Versorgung aufweisen. Während die Anzahl an Allgemeinmedizinern pro Einwohner im Elsass klar am höchsten ist, gibt es dort am wenigsten Fachärzte, die Nordwestschweiz zeigt dabei ein gegensätzliches Bild. Insgesamt liegt das Elsass in dieser Hinsicht an erster Stelle, gefolgt von der Nordwestschweiz und Baden, die in etwa gleich auf sind. Die Südpfalz rangiert hierbei nur an letzter Stelle. Auf weitere Strukturbetrachtung sei hier nicht näher eingegangen, das medizinische Beispiel soll stellvertretend gelten.

3.1.3 „Anziehungskräfte"

Alles in allem ist die Versorgungsstruktur im Elsass sehr gut, die Wohnungskosten günstig, aber die Arbeitsbedingungen verhältnismäßig ungünstig.

Die Südpfalz weist eine Versorgungsstruktur auf, die hinter denen der anderen Teilregionen zurückbleibt, die Lebenshaltungskosten sind ähnlich wie in den angrenzenden Regionen Elsass und Baden und die Arbeitsbedingungen sind auf ähnlichem Niveau wie die im Elsass.

Baden weist gute Arbeitsbedingungen bei einer guten Versorgungsstruktur auf, wobei Wohnungskosten deutlich höher, die Versorgung ähnlich bis etwas schlechter und die Arbeitsbedingungen besser als im Elsass sind.

Die Nordwestschweiz schließlich kann eine gute Versorgung und sehr gute Arbeitsbedingungen bieten, die allerdings in Wohnungs- und Lebenshaltungskosten ihren Preis haben.

Diese Faktoren bedingen letztlich so als „Anziehungskräfte" sehr stark die transnationalen Pendlerbewegungen und können zu deren Erklärung herangezogen werden.

Die Nordwestschweiz übt damit als Arbeitsort die größte Anziehungskraft aus, das Elsass zieht Menschen vor allem als Wohnort an. Baden und die Südpfalz nehmen einen Platz bei beiden Betrachtungen in der Mitte ein, wobei Baden attraktiver als die Südpfalz ist.

Natürlich sind damit nicht alle Einzelfälle und –entscheidungen von Pendelbewegungen erklärbar, aber die Gesamttendenz wird deutlich. Weitere Gründe wie die Urbanität einer Region sind ebenfalls für Pendlerverflechtungen von Bedeutung (vgl. Kapitel 3.2.1, EUCOR Sommeruniversität in den Umweltwissenschaften 2004).

Vereinfacht und schematisiert gesagt ergibt sich das Elsass demnach als Auspendler-, die Nordwestschweiz als Einpendler-, Baden als Transit- und die Südpfalz nahezu als Nichtpendlerregion.

3.2 Tatsächlicher Umfang

In der Tat zeigt sich ein ähnliches Bild, wie in 3.1.3 gefolgert. Nun sollen die genauen aktuellen Zahlen der Pendelbewegungen dargelegt und die Entwicklung der letzten Jahre angedeutet werden.

3.2.1 Aktuelle Situation

Auspendler gibt es sehr viele aus dem Elsass nach Baden und in die Nordwestschweiz, sowie von Baden in die Nordwestschweiz. Die Südpfalz ist aufgrund ihrer geografischen Lage zu weit von der Schweiz entfernt für intensive Pendlerverflechtungen und zu den beiden anderen Teilregionen bestehen nach obigen Ausführungen relativ geringe

„Anziehungskräfte", die Pendelbewegungen verursachen. Die Pendlerverflechtungen mit Baden sind zudem nicht für die Thematik der Grenzgänger relevant und werden demnach nicht Gegenstand der Betrachtung sein. Die Auspendlerquote wird in Abbildung 7 deutlich.

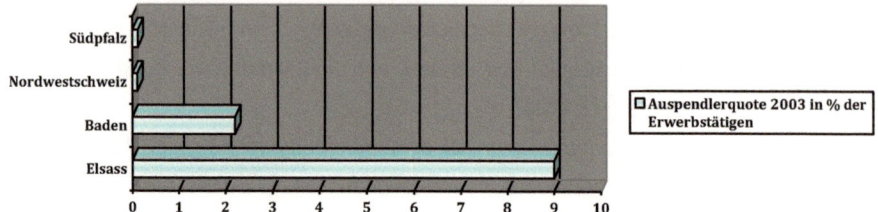

Abbildung 7: Auspendlerquote 2003 (eigene Abbildung nach Daten der Bundesagentur für Arbeit 2007)

Während im Elsass fast jeder zehnte Arbeitnehmer zum Arbeiten ins Ausland pendelt, ist es in Baden nur etwa jeder fünfzigste und in der Südpfalz und der Nordwestschweiz ist der prozentuale Anteil verschwindend gering. Dass es sich bei den Grenzgängern vor allem aus dem Elsass nach Deutschland und in die Schweiz nicht unbedingt um Franzosen handeln muss, wurde bereits in Kapitel 3.1.1 angesprochen. Bei genauerer Betrachtung der Auspendlerregionen des Nordelsass in Abbildung 8 fällt auf, dass die grenznahen Gebiete wesentlich höhere Anteile an Auspendlern nach Deutschland –hier mit einem wesentlichen Schwerpunkt auf dem Raum Karlsruhe als Einpendlergebiet– aufweisen, was wenig verwunderlich ist (Langendörfer in EUCOR Sommeruniversität in den Umweltwissenschaften 2004).

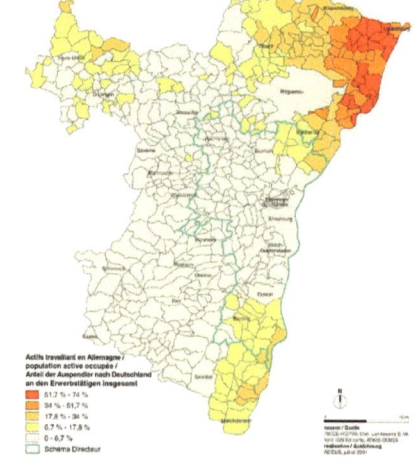

Abbildung 8: Anteile an Auspendlern aus dem Nordelsass nach Deutschland (EUCOR Sommeruniversität in den Umweltwissenschaften 2004)

Ein weiteres wichtiges Ergebnis hieraus ist aber noch, dass die meisten Auspendler in agglomerationsfernen Gebieten leben, so hat der Raum Straßburg im Gegensatz zur Quote von 9 % im ganzen Elsass nur 3 % Auspendler ins Ausland (ebd.). Wenn man nun einen Blick auf die gesamten transnationalen Pendlerverflechtungen zwischen den Teilregionen des Oberrheingebiets betrachtet, so zeigt sich ganz konkret, wie einseitig diese Beziehungen ablaufen, man kann fast von einer „Pendler-Einbahnstraße" sprechen, die sich durch die regionalen Unterschiede in Arbeits- und Lebensbedingungen ergibt.

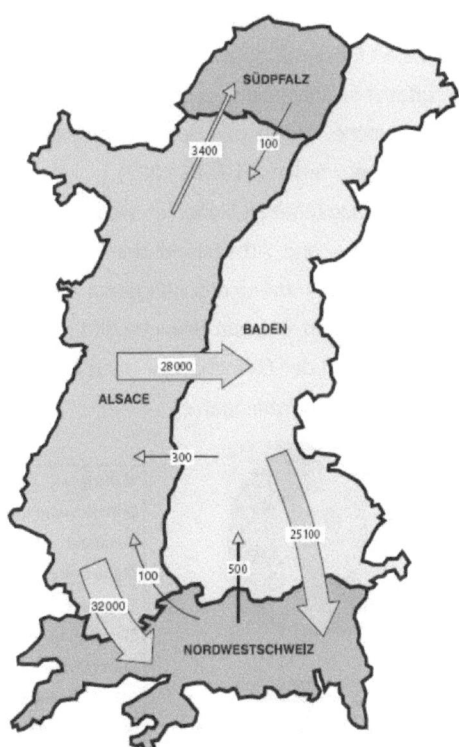

Abbildung 9: Grenzgänger 2004 im Oberrheingebiet (Deutsch-Französisch-Schweizerische Oberrheinkonferenz 2007)

63.400 Pendlern, die aus dem Elsass als Grenzgänger regelmäßig ins benachbarte Ausland pendeln, stehen also lediglich 500 Einpendler gegenüber. Trotz der geringen Angrenzungsfläche an die Nordwestschweiz pendeln mit 32.000 Grenzgängern noch 4.000 mehr als nach Baden dorthin. Das Transitgebiet Baden weist 25.400 Auspendler bei 28.500 Einpendlern auf, wobei die Ströme fast ausschließlich aus dem Elsass und in die

Nordwestschweiz verlaufen. Die Südpfalz mit 3.400 Einpendlern aus dem und 100 Auspendlern ins Elsass ist kaum erwähnenswert, im Gegensatz zur Nordwestschweiz, die trotz lediglich 600 Auspendlern mit 57.100 Einpendlern nach dem Elsass den zweithöchsten Saldo aufweist (Abbildung 9).

3.2.2 Grenzgänger nach Branchen

Vorab sei hier die unterschiedliche Datengrundlage für die einzelnen Angaben angesprochen. Die Angaben über Branchenaufteilung der Pendler in der Nordwestschweiz gehen auf das Zentrale Ausländerregister zurück und beziehen sich auf Staatsangehörigkeit, die Daten für die Südpfalz und Baden gehen auf die Bundesagentur für Arbeit zurück. Diese erfasst sozialversicherungspflichtige Personen nach Wohnsitz im Ausland. Beispielsweise Deutsche, die in der Schweiz arbeiten, aber im Elsass leben, würden so unterschiedlich erfasst werden (EURES 2007).

Die Branchenaufteilung der Grenzgänger ist sicherlich wesentlich durch die Aufteilung der vorhandenen Wirtschaft in Wohn- und Arbeitsland der Pendler bedingt. Bei geringem Arbeitsangebot in einer Branche im Wohn- und günstigerem Angebot im Zielland wird eine Pendlerbewegung unter Beschäftigten in dieser Branche dadurch wahrscheinlicher.

In Abbildung 10 ist diese Aufteilung der Grenzgänger nach Branchen veranschaulicht für die vier stärksten Pendelströme im Oberrheingebiet.

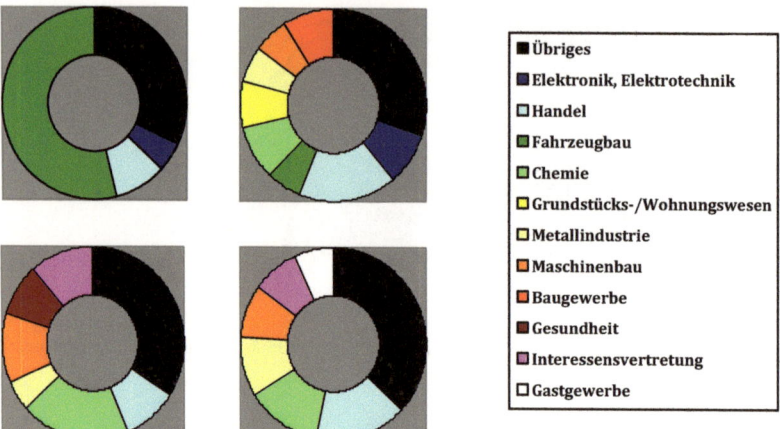

Abbildung 11: Grenzgänger nach Branchen (eigene Abbildung nach Werten von EURES 2007)
Einpendler in die Südpfalz aus Frankreich 2003 – links oben
Einpendler nach Baden aus Frankreich 2003 – rechts oben
Deutsche Grenzgänger in die Nordwestschweiz 2001 – links unten
Französische Grenzgänger in die Nordwest-Schweiz 2001 – rechts unten

In der Südpfalz sind von den Einpendlern aus Frankreich mehr als drei Viertel im verarbeitenden Gewerbe beschäftigt, die meisten davon im Fahrzeugbau, und davon wieder der größte Teil beim bedeutendsten Arbeitgeber der Südpfalz, dem Daimler-Chrysler-Werk in Wörth. Die Einpendlerquote im Fahrzeugbau ist hier mit knapp einem Sechstel sehr hoch, insgesamt beträgt die Quote 4,3 % (EURES 2007).

Die Berufsendler von Frankreich nach Baden arbeiten dort deutlich vielfältiger als in der Südpfalz. Sie machen 3,4 % der Beschäftigten aus, wobei etwas weniger als die Hälfte im verarbeitenden Gewerbe tätig ist. Sie verteilen sich schwerpunktmäßig auf Handel, Elektronik, Chemie, Baugewerbe, Grundstücks- und Wohnungswesen, Maschinenbau, Metallverarbeitung und Fahrzeugbau in dieser Gewichtung (ebd.).

Deutsche Grenzgänger in der Nordwest-Schweiz machen hier einen Anteil von 3,3 % aus, davon arbeiten die meisten im chemischen Gewerbe, in deutlichem Abstand gefolgt von Maschinenbau, dann Interessensvertretung, Handel und Gesundheit aus dem tertiären Sektor und schließlich Metallindustrie. Die Quoten der deutschen Einpendler in den Branchen sind teilweise enorm, im Bereich Maschinen/Apparate/Fahrzeuge liegt sie bei über 12, bei Chemie sind es sogar 15 % (ebd.).

Zu guter Letzt sind 4,9 % der Beschäftigten in der Nordwest-Schweiz französische Einpendler. Hiervon sind die meisten im Handel angestellt, darauf folgen die chemisch-pharmazeutische und dann die Metallindustrie. Maschinenbau, Interessensvertretung und Gastgewerbe sind ebenfalls noch von Bedeutung. Die Einpendlerquote beträgt im Bereich Maschinen/Apparate/Fahrzeuge 13, in der Chemiebranche 14 und in der Metallindustrie ganze 15 % (ebd.).

In der Nordwestschweiz sind somit insgesamt 8,1 % der Erwerbstätigen Einpendler, die Branchen, bei denen sich dies am deutlichsten zeigt, sind die chemisch-pharmazeutische Industrie mit 29, die Branche Maschinen/Apparate/Fahrzeuge mit 25 und die Metallindustrie mit 20 % (ebd.).

3.2.3 Entwicklungen der letzten Jahre

Bei einer Betrachtung der Grenzgängerzahlen aus den letzten 15 Jahren – in Tabelle 2 in Verbindung mit Abbildung 11 und visualisiert in Abbildung 12– kann man sehen, dass ein deutlicher Trend nach oben von 1992 bis 2003 durchgängig vorhanden war. Der leichte Rückgang in den Zahlen von 2004 ist möglicherweise mit dem Schweizer Bilateralen Abkommen I (schon in Kapitel 3.1.2 angesprochen) zu begründen, das einen problemlosen Wohnortwechsel in die Schweiz möglich machte, der vor allem für Alleinstehende und kinderlose Paare attraktiv ist. Abbildung 12 macht deutlich, dass die

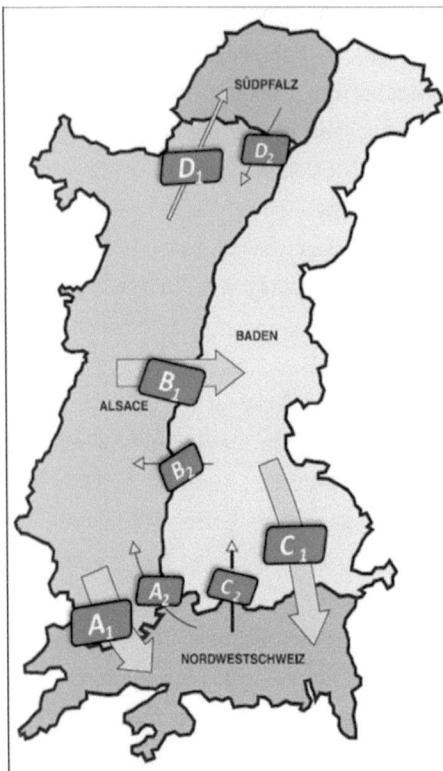

Abbildung 11: Grenzgängerströme im Oberrheingraben (verändert nach Deutsch-Französisch-
Schweizerische Oberrheinkonferenz 2007)

Summe der transnationalen Pendelbewegungen von Messung zu Messung immer gewachsen ist (Deutsch-französisch-schweizerische Oberrheinkonferenz 2007). Der Grenzgängerstrom vom Elsass in die Schweiz war zu jedem Messzeitpunkt der stärkste. Er betrug relativ konstant immer um die 33.000 Grenzgänger pro Jahr und war 2003 mit 34.500 am höchsten.

	1992	1998	1999	2001	2003	2004
A_1	33.500	33.000	33.000	33.000	34.500	32.000
A_2		200		200	100	100
B_1	22.000	27.000	27.000	31.000	30.000	28.000
B_2		100		300	300	300
C_1	23.000	21.000	21.000	24.000	25.000	25.100
C_2		600		800	500	500
D_1	3.000	3.000	3.000	3.500	3.500	3.400
D_2		100		100	100	100

Tabelle 2: Entwicklung der Grenzgängerströme 1992 bis
2004 (eigene Tabelle mit Werten von EURES 2007 (gelb hinterlegt)
und Deutsch-Französisch-Schweizerische Oberrheinkonferenz 2007)

Der Pendlerstrom vom Elsass nach Baden hingegen hat sich in den letzten Jahren deutlich verändert. Von 22.000 1992 stieg er bis 2001 rasant auf 31.000 an, ist seit dem aber wieder einem Rückgang unterworfen.

Von Baden in die Nordwest-Schweiz pendelten immer ähnlich viele Erwerbstätige. Während dieser Strom 1992 noch der zweitbedeutendste war, ist er seitdem in den Messungen nur noch an dritter Stelle. Allerdings ist dies der einzige, der im Zeitraum von 2003 bis 2004 eine Steigerung durchlebte.

Der vierte große Pendlerstrom, der allerdings nur etwa ein Zehntel der anderen beträgt, ist der vom Elsass in die Südpfalz. Er war 1992 bis 1999 völlig konstant und liegt seitdem mit

3500 noch etwas höher.

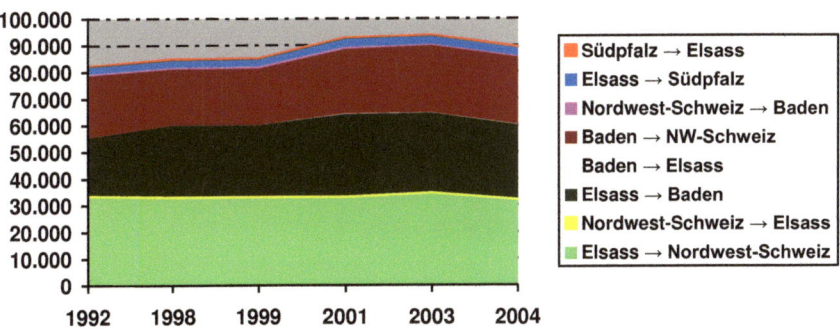

Abbildung 12: Entwicklung der Grenzgängerströme 1992 bis 2004 (eigene Abbildung mit Werten aus Tab. 2)

Abbildung 12 wurde oben bereits angesprochen und beinhaltet die Werte aus Tabelle 2 in grafischer Form, sei daher nicht näher erläutert.

3.3 Chancen und Risiken

Durch eine Zunahme der transnationalen Pendlerströme im Oberrheingraben haben die betroffenen Regionen die Chance, wirtschaftlich durch Agglomerationseffekte zu profitieren, um so die geografische Randlage in den einzelnen Ländern mehr als auszugleichen. Laut Geiger (Hrsg., 2001) verbessern gemeinsame Projekte die Verkehrssituation in den Teilregionen erheblich, besonders die Ost-West-Achse hat ein starkes Wachstumspotential. Außerdem hat eine Kooperation bessere Informationen zwischen den Teilregionen zur Folge.

Auch können durch eine verstärkte Zusammenarbeit der betroffenen Länder wirtschaftliche Hürden wesentlich leichter überwunden werden, was deutliche Vorteile für Privatpersonen sowie Unternehmen zur Folge hat (Deutsch-Französisch-Schweizerische Oberrheinkonferenz 2007). Eine Zusammenarbeit in der Grenzregion führt dazu, dass eine gute Konjunktur in einem Teilstaat sich positiv auf die gesamte Region auswirken kann, da auch Märkte und Einzugsgebiete immer internationaler werden.

Ein Risiko könnte man in der Ausbildung von Wohn- und Arbeitsregionen sehen, die stark entmischt werden. Die Wohnregion wäre so wirtschaftlich eher schwach, obwohl sehr viele Fachkräfte in ihr leben, da die Fachkräfte zum größten Teil zum Arbeiten ins Ausland fahren, da dort besser bezahlte Stellen und günstigere Arbeitsbedingungen anzutreffen sind.

Das wohl größte Problem beim transnationalen Pendlerverkehr ist der hohe Verkehrsaufwand, der überwiegend mit dem PKW bewältigt wird. Dies ist nicht unbedingt ein Problem bei transnationalem Pendeln, sondern gilt genauso für Pendelbewegungen innerhalb eines Landes. Dadurch entstehen höhere Schadstoffemissionen und ein höherer Benzinverbrauch, die die Umwelt deutlich belasten. Und auch Stau ist eine Folge des Pendelverkehrs. Teilweise bestehen schon jetzt erhebliche Überlastungsprobleme auf den Straßen und es besteht akuter Handlungsbedarf, besonders wenn die Pendlerverflechtungen im Oberrheingraben noch zunehmen sollten (EUCOR 2004). Insgesamt ist diese Entwicklung auf jeden Fall überwiegend mit Vorteilen für die meisten Betroffenen verbunden, daher könnte eine noch stärkere Wirtschafts- und damit Pendlerverflechtung im Oberrheingraben sicherlich als erfreulich bezeichnet werden.

3.4 Ausblick

Genaue Vorhersagen von künftigen Entwicklungen sind natürlich nur schwer möglich. Laut der Deutsch-Französisch-Schweizerischen Oberrheinkonferenz (1999) ist eine gute Basis für eine Kooperation in jedem Fall vorhanden, aber es gibt dennoch eine Reihe von Problemen, die bewältigt werden müssen. Allen voran die Sprache stellt doch teilweise eine erhebliche Barriere dar, die nur mit Unterstützung der betroffenen Bevölkerung überwunden werden kann. Die Rechtslage ist gerade bei Steuern und sozialen Absicherungen kompliziert und es muss sehr viel beachtet werden, wenn man jenseits von Ländergrenzen seinen Lebensunterhalt verdient (EURES 2007). Auch differieren der Aufbau der Verwaltung und der genaue Ablauf von Entscheidungen in den drei Ländern sehr stark, was die Zusammenarbeit erschwert.

Das Inkrafttreten des bilateralen Abkommens I der Schweiz mit der EU könnte durch die Erleichterungen für schweizerische Arbeitgeber bei der Einstellung von Ausländern die Anzahl der jährlichen Grenzgänger in die Schweiz auf längere Sicht weiter erhöhen. Sie ist ein Schritt in Richtung eines offenen Arbeitsmarktes. Und da im Allgemeinen Pendeldistanzen innerhalb von Grenzregionen nicht unbedingt länger als innerhalb eines Landes sind, kann man davon ausgehen, dass sich in der EU grenzüberschreitende Pendelbeziehungen in Zukunft stärker entwickeln als Wanderungsbewegungen zwischen den Staaten (Deutsch-Französisch-Schweizerische Oberrheinkonferenz 2007).

4. Fazit

Die Oberrheinregion, die sich als Wirtschaftsraum aus den vier Teilregionen Elsass, Südpfalz, Baden und Nordwest-Schweiz zusammensetzt, weist eine sehr gute

Verkehrsstruktur auf und ist wirtschaftlich stark. Obwohl sie aus Gebieten dreier Länder besteht, sind enorme Verflechtungen innerhalb der Region vorhanden, sicherlich auch dadurch bedingt, dass die Teilregionen zusammen eine geografische Einheit bilden. Diesen Verflechtungen stehen deutliche Unterschiede in Bezug auf Bevölkerungsdichte, Lebenshaltungskosten, Arbeitsbedingungen und Wirtschaftsstruktur gegenüber. Die Arbeitsbedingungen sind in der Nordwestschweiz am günstigsten, die Lebenshaltungskosten sind dort allerdings sehr teuer. Wohneigentum ist im Elsass mit Abstand am preiswertesten. Die Berufspendler pendeln aus diesen Gründen vor allem vom Elsass in die Nordwest-Schweiz, vom Elsass nach Baden und von Baden in die Nordwest-Schweiz. Die rechtlichen Rahmenbedingungen sind schwer durchschaubar, weswegen es eine ganze Reihe an Organisationen gibt, die den Grenzgängern Informationen bereitstellen. Von den 32.000 Berufspendlern vom Elsass in die Schweiz arbeiten die meisten im Handel, Fahrzeugbau, in der Bauindustrie und im Maschinenbau. Die 28.000 Pendler aus Franzosen sind in Baden vor allem in Handel, Elektronik, Chemie und Baugewerbe beschäftigt. In der Nordwest-Schweiz arbeiten knapp 25.000 Deutsche vor allem in der Chemie- und Maschinenbauindustrie. Diese Zahlen machten in den letzten Jahren eine stabile Entwicklung durch, und die Summe davon ist bis auf den Zeitraum von 2003 bis 2004 immer gewachsen. Der Strom vom Elsass nach Baden hat dabei am stärksten zugenommen. Der weitere Ausbau der wirtschaftlichen und Pendlerverflechtungen bietet Agglomerationsvorteile und die Infrastruktur der Region profitiert auch. Nachteile bei der Entwicklung sind vor allem Stau und Umweltbelastung durch den hohen PKW-Anteil unter den Berufspendlern. Die Verflechtungen bieten jedenfalls noch eine Menge Entwicklungspotential, erfordern aber Engagement und ein Entgegenkommen von allen Beteiligten.

5. Schluss

Jaques hat mittlerweile Feierabend. Doch bis er wieder zu Hause bei seiner französischen Familie ist, muss er noch eine Grenze überqueren. Die deutsch-französische nämlich. Morgen wird er wie jeden Tag, wenn es nicht gerade Wochenende ist, wieder nach Deutschland kommen, um sein Geld hier zu verdienen. Für ihn ist das völlig normal. Er fühlt sich schon kaum mehr wirklich als Franzose, sondern viel mehr als Europäer. Für ihn ist Europa schon längst zusammengerückt, sonst würde das ja gar nicht so funktionieren, wie es im Moment bei Michelin läuft. Da würde ihm sein schweizerischer Arbeitskollege Urs sicher sofort zustimmen, wenn er nicht schon auf dem Heimweg auf der A5 im Stau stünde...

Quellen

Literatur

DEUTSCHER WERKBUND DWB E.V. (Hrsg.) (1994): Perspektiven 1 – Beiträge zur Zukunft der Moderne; Stadt und Region. Frankfurt am Main: DWB

DEUTSCH-FRANZÖSISCH-SCHWEIZERISCHE OBERRHEINKONFERENZ (1999): Lebensraum Oberrhein... eine gemeinsame Zukunft: Raumordnung für eine nachhaltige Entwicklung ohne Grenzen. Karlsruhe: G.Braun, Straßburg: LA Nuée Bleue

EUCOR SOMMERUNIVERSITÄT IN DEN UMWELTWISSENSCHAFTEN (2004): Schlussbericht – Trinationale Modellregion Oberrhein: Umwelt und ihre gesellschaftlichen und wissenschaftlichen Herausforderungen. Karlsruhe: EUCOR/Ruf

FICHTNER, Uwe (1988): Grenzüberschreitende Verflechtungen und regionales Bewusstsein in der Regio. Basel, Frankfurt am Main: Helbing & Lichtenhahn

KELLER, Winfried (Hrsg.) (1999): Tirol Atlas; Eine Landeskunde in Karten; Begleittexte XIV. Innsbruck: Universitätsverlag Wagner

OTT, Erich (Hrsg.) (1990): Arbeitsbedingtes Pendeln; Entwicklungen und Probleme einer besonders belasteten Arbeitnehmergruppe. Marburg: Verlag Arbeit & Gesellschaft

OTT, Erich; GERLINGER, Thomas (1992): Die Pendlergesellschaft; Zur Problematik der fortschreitenden Trennung von Wohn- und Arbeitsort. Köln: Bund-Verlag

GEIGER, Michael (Hrsg.) (2001): PAMINA – Europäische Region mit Zukunft; Baden, Elsass und Pfalz in grenzüberschreitender Kooperation. Speyer: Verlag der Pfälzischen Gesellschaft zur Förderung der Wissenschaften

REGIONALVERBAND MITTLERER OBERRHEIN (2003): Anwendung regionalplanerischer Ziele und Grundsätze; Leitfaden für die Bauleitplanung. Karlsruhe: Haus der Region

SCHOLL, Bernd (Hrsg.) (2000): Raum- und Verkehrsentwicklung am Oberrhein; Seminarbericht Sommerseminar 2000. Karlsruhe: Universität Karlsruhe (TH)

SPEISER, Béatrice (1993): Der grenzüberschreitende Regionalismus am Beispiel der oberrheinischen Kooperation, Dissertation an der Hochschule St. Gallen. Basel, Frankfurt am Main: Helbing & Lichtenhahn

Internetquellen

BUNDESAGENTUR FÜR ARBEIT (2007): Homepage. http://www.arbeitsagentur.de (aktuell am 14.12.07)

CRDP ELSASS, LMZ BADEN-WÜRTTEMBERG, LMZ-RHEINLAND-PFALZ (2007): Leben am Oberrhein, Lehrwerk für ein Europa ohne Grenzen. http://www.crdp-strasbourg.fr/ork/ (aktuell am 22.11.07)

DEUTSCH-FRANZÖSISCH-SCHWEIZERISCHE OBERRHEINKONFERENZ (2007): Offizielle Homepage. http://www.oberrheinkonferenz.org/de (aktuell am 22.11.07)

EURES (2007): EURES-T, das Netzwerk für Menschen, die in einem Land wohnen und im anderen arbeiten. http://www.eures-t-oberrhein.com (aktuell am 22.11.07)

EUROREGION OBERRHEIN (2006): Oberrhein; Statistische Daten 2006. http://www.oberrheinkonferenz.org/de/downloads/statistiken (aktuell am 29.11.07)

GISOR (2007): Geographischen Informationssystems Oberrhein. http://www.sigrs-gisor.org/ (aktuell am 30.11.07)

LANDESGEWERBEAMT BADEN-WÜRTTEMBERG (2003): Karriere-Guide Oberrhein. http://www.karriere-guide-oberrhein.de (aktuell am 04.12.07)

SCHNEIDER, Steff (2005): Verkehr – Zersiedelung und Pendlerströme nehmen zu. In Schweizer Gemeinde 1/05. http://www.chgemeinden.ch/de/PDF-artikel/PDF-Artikel-2005/01_05_Verkehr.pdf (aktuell am 22.11.07)

STATISTIK AUSTRIA (2004): Volkszählung Berufspendler 2001. Wien, http://www.statistik.at/web_de/statistiken/bevoelkerung/volkszaehlungen/pendler/index.htm l (aktuell am 30.11.07)

Tabellen

Tabelle 1: eigene Tabelle nach EURES 2007

Tabelle 2: eigene Tabelle mit Werten von EURES 2007 (gelb hinterlegt) und Deutsch-Französisch-Schweizerische Oberrheinkonferenz 2007

Abbildungen

Abbildung 1: http://www.signprint.co.uk (aktuell am 30.11.07)

Abbildung 2: GISOR 2007 (links), Deutsch-Französisch-Schweizerische Oberrheinkonferenz 1999, S.25 (rechts)

Abbildung 3: eigene Abbildung nach Deutsch-Französisch-Schweizerische Oberrheinkonferenz 2007

Abbildung 4: GISOR 2007

Abbildung 5: eigene Abbildung nach Deutsch-Französisch-Schweizerische Oberrheinkonferenz 2007

Abbildung 6: eigene Abbildung nach Deutsch-französische-schweizerische Oberrheinkonferenz 2007

Abbildung 7: eigene Abbildung nach Daten der Bundesagentur für Arbeit 2007

Abbildung 8: EUCOR Sommeruniversität in den Umweltwissenschaften 2004

Abbildung 9: Deutsch-Französisch-Schweizerische Oberrheinkonferenz 2007

Abbildung 10: eigene Abbildung nach Werten von EURES 2007

Abbildung 11: verändert nach Deutsch-Französisch-Schweizerische Oberrheinkonferenz 2007

Abbildung 12: eigene Abbildung mit Werten aus Tabelle 2